平底锅达人的

56道原创面包和蛋糕

用家里随手可见的材料即可制作

（日）Boku　著

张　岚译

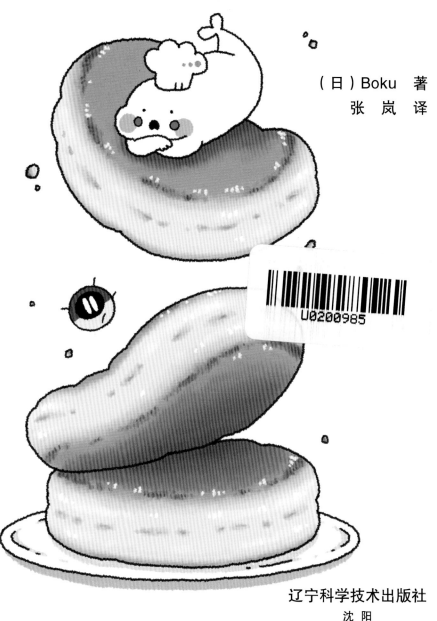

辽宁科学技术出版社

沈阳

大家好！初次见面．是我啦．

在此，诚挚地感谢各位能够选择我这本书。

从2013年8月左右开始，我在Twitter里上传了食谱的图片，算起来也已历经了好久……

没想到，真的能够出版成书的形式啦！（欢呼~！）

这都是承蒙众多读者朋友们通过网络给予我大力支持的成果．真的非常感谢大家！

我们在美食店里买到的食物当然都很美味，但是如果可以亲自体验烹调制作的过程，品尝到可以温暖治愈我们心灵的美食的话，那才能由衷地感受到来自内心深处的愉悦。

boku

登场人物介绍

马棉先生

使用棉花糖制作出来的
海豹男孩儿.
喜欢浮在咖啡上.
摸上去非常绵软.

卡斯特拉

我是这本书的笔者——
卡斯特拉.
因为非常喜欢卡斯特拉这种海绵蛋糕,
每天都吃的结果就是, 真的变成了
卡斯特拉.

目 录

3章　清凉美味！固化点心

4章　晶莹剔透！日式小吃

制作食谱之前

其他的注意事项

■1杯量为200ml，大勺为15ml，小勺为5ml。
■电子微波炉使用的是500W的微波炉。
■食谱中明确记载了作为基准的分量和烹调时间，请根据具体情况斟酌调整。

蓬蓬松松！黏黏糯糯！

1章　面包的食谱

从非常受欢迎的薄煎饼和法国吐司，到百吉饼和司康饼
等固定招牌面包都有介绍！

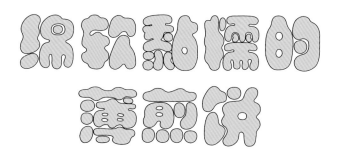

绵软黏糯的薄煎饼

正如宣传广告照片中的薄煎饼，只要花些工夫就可以简单完成哦！

材料
（2人份）

- ■ 牛奶…100ml
- ■ 柠檬汁…1小勺
- ■ 鸡蛋… 1个
- ■ 酸奶…3大勺（45g）
- ■ 低筋面粉…200g

*热煎饼粉200g可以使用以下材料代替

- ■ 低筋面粉…160g
- ■ 土豆淀粉…15g
- ■ 泡打粉…5g
- ■ 砂糖…20g

1 将牛奶加入杯中，微波炉加热30秒！然后加入柠檬汁，使用汤匙搅拌后边分离边冷却。

哇~!变为多彩的啦！

好有趣哦！

牛奶与柠檬汁搭配可以制作出干奶酪和乳清哦！

2 在碗中加入1与鸡蛋、酸奶，使用搅拌器细细搅拌，将煎饼粉小心地投进去。

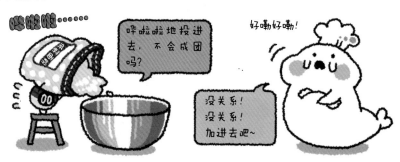

哗啦啦地投进去，不会成团吗？

好嘞好嘞！

没关系！没关系！加进去吧~

3 使用打蛋器反复搅拌10~15次。将面饼划入到煎锅中，小火烧至3分钟，咕嘟咕嘟冒出小泡泡之后，翻面再烧2分钟。

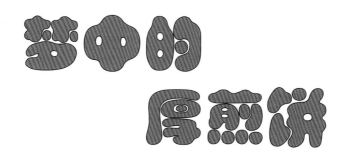

使用牛奶盒制作的模型，自制出梦寐以求的煎饼塔哦！

● **牛奶盒模型的制作方法**

1 在牛奶盒上下的折线处剪开，身体部分分为4份。

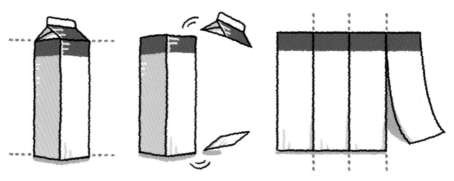

2 制作成每张宽度为6cm的卡片，使用订书钉连接起2张，围成直径10cm的圈状。同样方法制作2个模型！

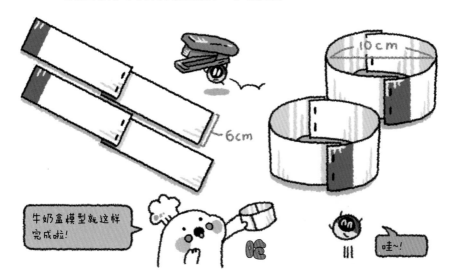

6cm

10cm

牛奶盒模型就这样完成啦！

哇~!

●厚煎饼的制作方法

材料
（2人份）
- ■ 牛奶…100ml
- ■ 柠檬汁…1小勺
- ■ 鸡蛋…1个
- ■ 酸奶…3大勺（45g）
- ■ 热煎饼粉…200g

* 热煎饼粉200g可以使用以下材料代替
- ■ 低筋面粉…160g
- ■ 土豆淀粉…15g
- ■ 泡打粉…5g
- ■ 砂糖…20g

1 参考P8、P9的做法，制作成煎饼的面饼。在模型的内壁涂上薄薄的黄油（分量外），放入煎锅中，将面饼倒入模型的2/3。

黄油越多越好哦~!

内侧贴上烘培用纸也可以烧得很好!

2 盖上盖子用微小火烧15分钟，每个模型反复进行。再烧10~15分钟，用竹签刺入面饼，拔出来时不黏面糊视为完成!

完成!

玖玖

厚厚

太好啦

哇~哇哇!
好高!

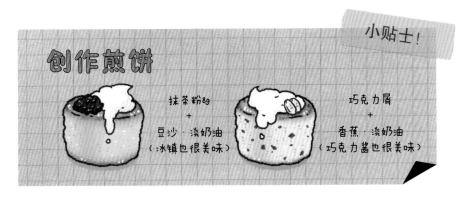

小贴士!

创作煎饼

抹茶粉8g
+
豆沙·淡奶油
（冰镇也很美味）

巧克力屑
+
香蕉·淡奶油
（巧克力酱也很美味）

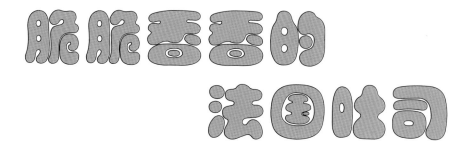

脆脆香香的 法国吐司

只需要将面包充分浸泡到鸡蛋液中1日，即可以变身美味超群的法国吐司！

材料
（2人份）

- ■ 厚面包片…2片
  （厚度约3cm）
- ■ 黄油…适量

A
- ┌ 鸡蛋…2个
- │ 牛奶…200ml
- │ 砂糖…20g
- └ 香草精…适量

1 将厚面包片分别分为两半，共4片，每两片装入密封袋中。

面包片的边边可以切掉也可以保留。

面包片的边边也可以变得很柔软，所以保留边边也可以很美味！

如果没有密封式保存袋，也可以使用盒子代替。

薄薄 松松

2 在碗中加入A并搅拌，分两次注入密封式保存袋中，排出空气。放入冰箱冷藏保存24小时。

根据个人喜好少量加入朗姆酒也很好吃！

经过12小时，翻一次面。

白兰地也很合适哦~

哇哇哇 哇~

3 在煎锅中加入黄油加热，放入**2**用中火将6面煎至变色，使用180℃的烤箱烤制10分钟。

由于还需要使用烤箱，因此面包片煎至黄色即可。

吱 吱

不使用烤箱的情况下，用煎锅将面包片两面分别煎制7分钟，一定要微小火。

烤箱可以一起烤很多东西，这点很实用哦

完成！

中心部完全像布丁一样！

小贴士！

火腿与奶酪
不甜的法国吐司

将面包开口留用，将火腿与奶酪加入其中。作为砂糖的替代品，将其充分浸入到胡椒盐液体中，进行煎制。

长方形的焦糖
香蕉的法国吐司

将长面包制作成法国吐司。

黄油20g，砂糖30g，用煎锅加热焦糖后，投入香蕉片。

香蕉煎制后，与长面包放在一起，涂上淡奶油。

面包的替代品

美味法国吐司

实际上法国吐司使用白面包以外的食材来制作也是OK的！
可以使用其他面包试试看呦。

葡萄干面包

滑滑
溜溜

内夹核桃的话
会提升香气！

松松软软

葡萄干非常的多
汁很美味！

注释

如果是白面包的话，厚片面包片最佳。
浸入到蛋液中24小时可以使葡萄干更加柔软。

玫面包圈

1个面包圈使用一半
蛋液哦.

嘭嘭

啊~
饱
啦
！

松软的新
口感！

注释

横着切成一半，1小时左右蛋液即可均匀地渗入其中。无
须加入砂糖，与培根和牛奶炒蛋搭配食用更美味！

英式马芬

一个英式马芬使用1/3蛋液哦.

外皮酥脆内在柔嫩.

哦！！

注释 相比整个浸入到蛋液中，更推荐将一个马芬切为6～9块再浸入到蛋液中。30分钟左右即可均匀地完全浸泡。

羊角面包

黄油风味的非常了不起哦~!

一个大的羊角面包使用半个蛋液.

蓬蓬松松哒~!！

注释 切为一口大小的块状，也可以直接烧制！等待稍稍变软后浸入到蛋液中。

不同的面包口感与风味都不同，变换很多种类挑战试做，很快乐哦~!

诶

啊！如果去做法国吐司的话，也会很好吃呢……

简单自制的煎锅面包

只需要煎锅制作，想吃的时候可以立刻成形。
材料准备好后，变化无限大！

材料
（3~4个份）

A
- 高筋面粉…200g
- 砂糖…10~15g
- 盐…1/3小勺（2g）
- 泡打粉…1/2小勺（6g）
- 水…120ml

■喜好的食材
…适量

■黄油…适量

1 在碗里加入A轻轻地用手搅动，成团之后用保鲜膜完全包上10分钟左右醒面。

捅咕　捅咕　捅咕

使用面粉的话可以形成有弹力的面饼哦！

使用面粉时仔细地揉面会变得更好吃哟。

保鲜膜醒面10分钟后，面包坯子发起来了！

哦哦哦

所以才要用保鲜膜包上。

2 将面坯分为3~4等份后按平拉伸，放入喜欢的馅料团成圆形。

放入昨日的剩菜炒面……再加入香蕉，巧克力。

由于比较黏糊沾手，所以在操作时手上撒上面粉操作会更方便哦。

哇~!
哇~!

3 煎锅中加入黄油（油也可以）加热，放入**2**。小火每一面煎至3～4分钟，两面分别煎好。

最后用中火煎至喜欢的颜色！！

哇哇哇~

咪?

哎~哎~

为防止半生不熟可以将面坯压扁按平再煎制哟!

Pu~

完成!

各种馅料怎么也吃不够呢~

外面酥脆里面软糯

咕叽咕叽

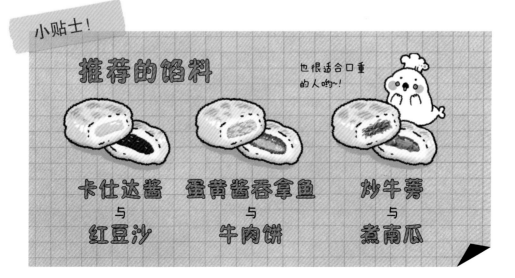

推荐的馅料

也很适合口重的人哟~!

卡仕达酱
与
红豆沙

蛋黄酱吞拿鱼
与
牛肉饼

炒牛蒡
与
煮南瓜

煎锅！完全无须酵母菌！

柔软的百吉饼

不需要烤箱与酵母菌即可以烹调出
非常美味柔软的百吉饼！秘密就是——豆腐！

材料
（2个份）

A
- 高筋面粉…100g
- 日本豆腐…70～80g
- 盐…少许
- 泡打粉…1小勺（4g）

■蜂蜜…1大勺
（7g）

1 将A放入碗中，仔细地揉面。

要调节豆腐的量哦！

如果太黏可以加面粉调节哦！

揉面时麸质就会跑出来会变得更好吃哦~

黏黏糊糊

揉面时间在5～15分钟

黑~　嘿~黑~

加油哦！

2 如下方插图，成形。

揪　　　拉　　　按　　　揉　　　黏

分为2等份　做成棒状　将棒的一边压扁　卷成圈，用压扁的一边包上另一边　完成

3 在煎锅中加入基本可以完全覆盖百吉饼的水进行煮沸。加入蜂蜜转小火，百吉饼单面30秒，两面分别水煮。

水过热会产生皱褶，因此在煮的时候不要煮沸.

使用锅铲可以简单地完成翻转，推荐~

煮过之后立即开始煎制~！

BIU~

此处靠速度取胜！！

铲~

加速咯~

4 在煎锅中铺上厨房用纸，放好百吉饼后盖上锅盖，小火煎10分钟，翻面再煎7分钟。

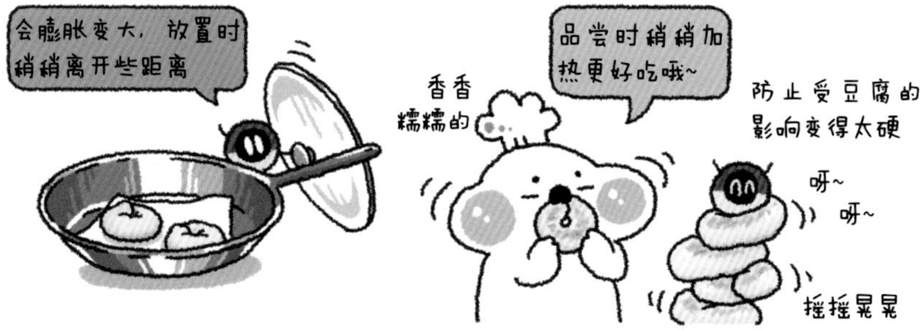
会膨胀变大，放置时稍稍离开些距离
香香糯糯的
品尝时稍稍加热更好吃哦~
防止受豆腐的影响变得太硬
呀~
呀~
摇摇晃晃

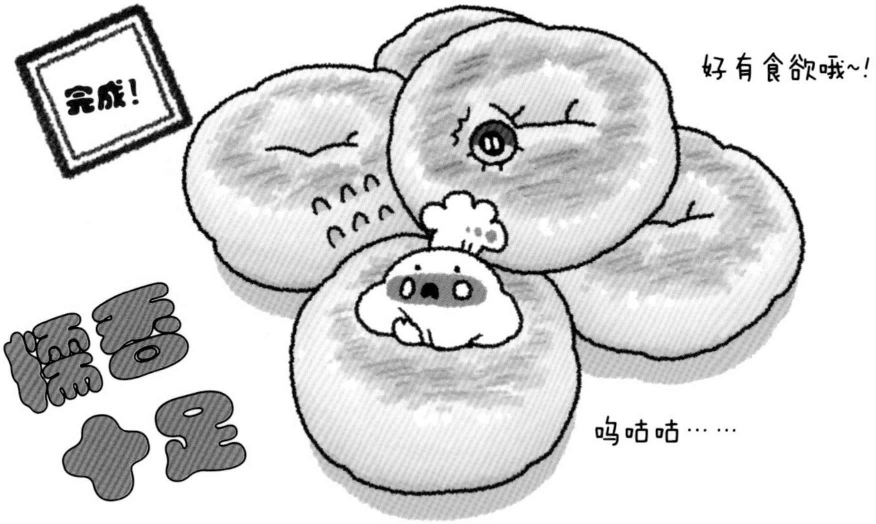
完成！
好有食欲哦~！
糯香十足
呜咕咕……

小贴士！

创作百吉饼

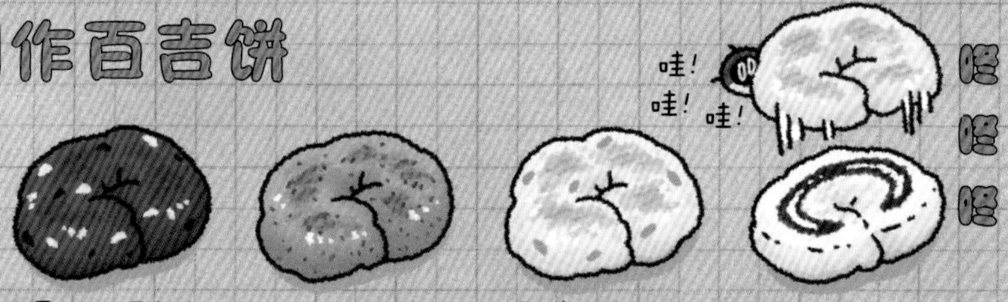
哇！
哇！哇！
咚咚咚

干果，白巧克力，可可粉3g

红茶的叶子2g

剥掉表皮的毛豆加工干酪

奶油干酪30g，豆沙30g（成形时包起来）

推荐DIY

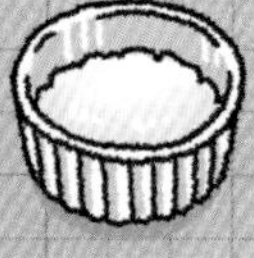

奶油干酪50g
蜂蜜10g

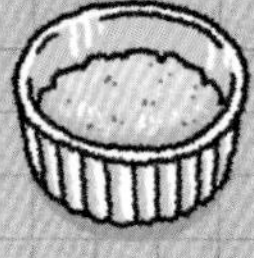

吞拿鱼罐头1个
蛋黄酱适量
洋葱切碎1/2个
盐少许

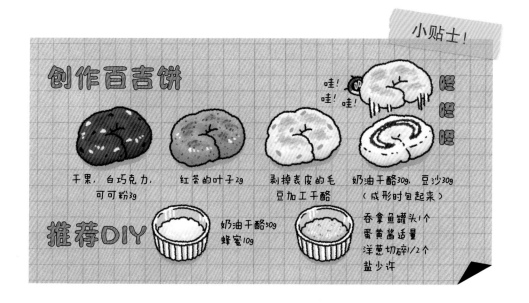

简洁易懂的煎锅
自制松脆英国司康饼

新鲜出炉的热乎乎，冷却后香脆脆，非常适合当早饭和点心！

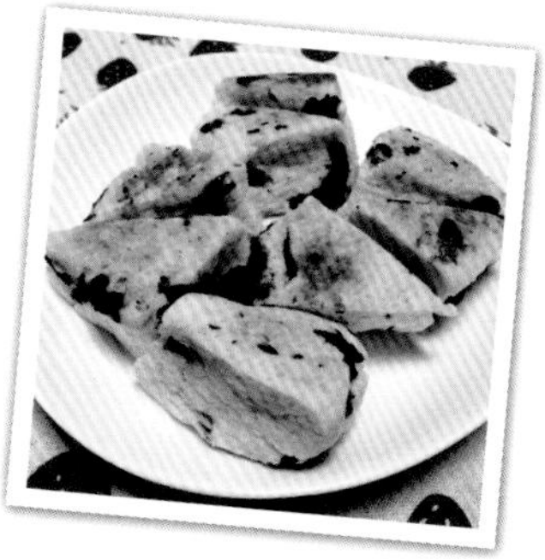

材料
（2人份）

A
- 低筋面粉…100g
- 砂糖…10g
- 泡打粉…1小勺（4g）
- 盐…少许

■黄油（人造黄油也可）…30g
■牛奶…25ml
■巧克力板…1/2板（25~30g）

1 在小盆中加入A轻轻搅拌，将保持常温的黄油放入其中，用手指磨碎后搅拌。

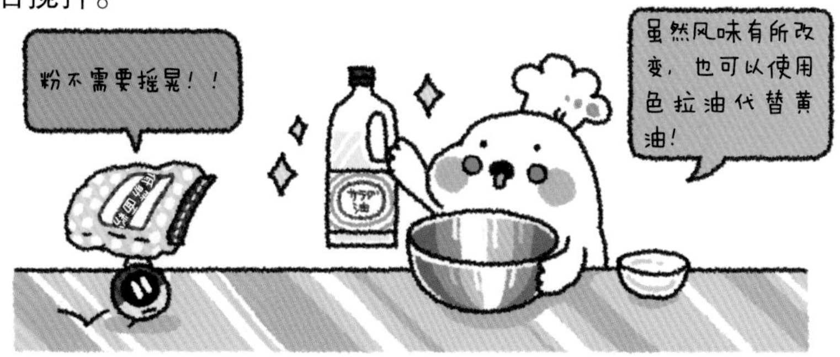

粉不需要摇晃！！
虽然风味有所改变，也可以使用色拉油代替黄油！

2 1中加入牛奶与巧克力板，变为一体后延伸成厚度2cm的面饼模具取型。

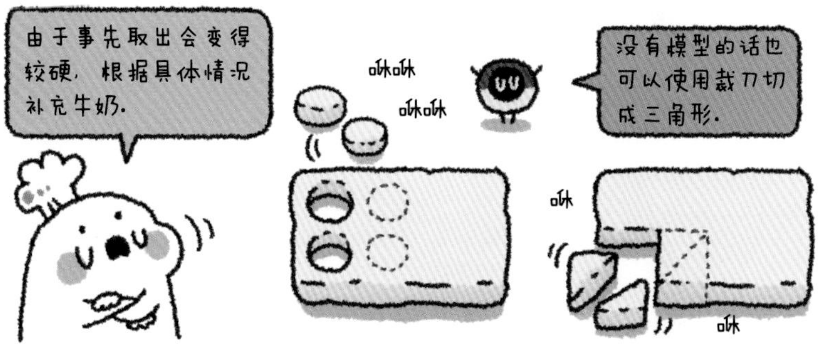

由于事先取出会变得较硬，根据具体情况补充牛奶。
咻咻
咻咻
没有模型的话也可以使用裁刀切成三角形。
咻
咻

3 在煎锅中铺上滤油纸，放好面坯，盖上盖子小火煎至7分钟。翻面后再煎至5分钟。

根据炉具火力不同请适当调节煎制。

咔吧

嘎

最后蘸上布朗宁汁完成啦~

ta ta ta!
烫！

出炉后热气腾腾！放凉之后香香脆脆！

呼呼   呼呼

完成！

哇~

脆

暖暖的

哇~

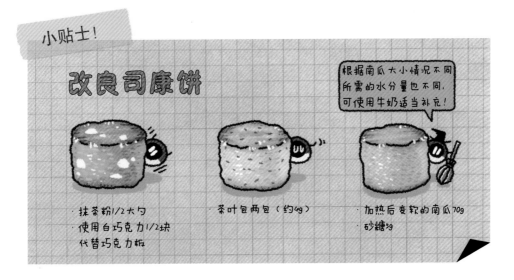

小贴士！

改良司康饼

根据南瓜大小情况不同所需的水分量也不同，可使用牛奶适当补充！

·抹茶粉1/2大勺
使用白巧克力1/2块代替巧克力粒

·茶叶包两包（约4g）

·加热后变软的南瓜70g
·砂糖5g

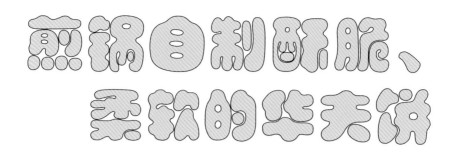

煎锅自制酥脆、柔软的华夫饼

没有华夫饼机也没有关系。酥酥脆脆、柔软无比的华夫饼
在家里也可以烘焙出来啦!

材料
（6个份）

A
低筋面粉…50g
高筋面粉…50g
砂糖…5g
香草奶精…适量
牛奶…25ml
泡打粉…1/2小勺（2g）

■黄油
（人造奶油也
可以）…25g
■珍珠糖…35g

1 将A溶解在小盆中加入黄油,大致地搅匀。

使用汤匙大致地搅匀即可.

将黄油用微波炉加热20秒左右!

2 在1中加入珍珠糖,用手攒成团。

哇哇哇! 珍珠糖好扎手~

高筋面粉经过揉搓更有弹性,更加美味哦!

面筋的力道!

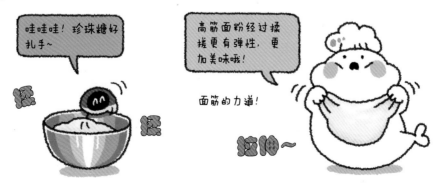

3 在煎锅中铺上烹调纸，将面坯分为6等份平均摆放，盖上盖子小火煎至7分钟。翻面后再煎制5分钟。

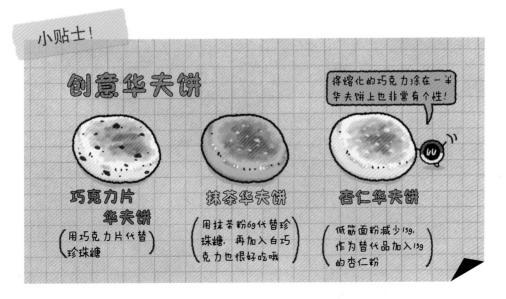

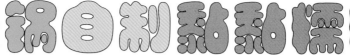

煎锅自制黏黏糯糯的奶酪蒸糕

20分钟即可快速完成的蒸糕，完美早餐的不二选择！

材料
（各4个）

●**奶酪**
- 低筋面粉…50g
- 泡打粉
  …大约1小勺（3g）

A
- 牛奶…35ml
- 奶酪片
  …1张半~2张

B
- 鸡蛋…1/2个
- 黄油…5g

●**原味**
- 低筋面粉…50g
- 泡打粉
  …大约1小勺（3g）

A — 牛奶…35ml

B
- 鸡蛋…1/2个
- 砂糖…15g（想提升甜味可以25g）
- 黄油…7g

●**无鸡蛋无油**
- 低筋面粉…50g
- 泡打粉…大约1小勺（3g）

A — 牛奶…45ml

B — 砂糖…15g（想提升甜味可以25g）

1 将A放入耐热小盆中，盖上保鲜膜微波炉加热30秒，待奶酪熔化之后加入B进行搅拌。

使用色拉油或者人造黄油也Ok!

熔化的奶酪也可以制作哦！
摇动~

2 加入低筋面粉、泡打粉进行混合，可以将面坯盛入铝杯、硅胶杯、蛋糕杯等至7~8分满。

几乎不会结块，所以不过筛也行！

蒸的过程中就会打开

不要选择便当用薄质铝杯，应该尽量选择厚而硬的铝杯~

3 在煎锅中加入高1cm左右的水，煮沸，摆放进盛入面坯的杯子。盖上盖子微小火加热10~12分钟。

煮沸水

放入杯子

微小火蒸煮

如果不将火关小，咕嘟咕嘟沸腾的话，水就会跑进杯子中，或者中途水就完全蒸发掉了。

居然！

完成！

绵绵

以后，就住在这里啦……

哇~~

软软

小贴士！

创作蒸面包

在原始面坯中加入各种馅料制作！

土豆沙拉

咕叽

咕叽

好像奶油一样丝滑~
非常好吃~

饺子馅料

好像饺子一样非常
美味多汁

蛋黄酱玛丽烧

加入前一天晚上的剩饭！
我个人十分喜欢。

随性煎锅比萨

制作起来非常简单，已经不需要外卖啦！？
加入各种各样的馅料进行烧制，来一场比萨宴如何？

材料
（直径约18cm的1张）

A
- 高筋面粉…100g
- 泡打粉…约1小勺（3g）
- 盐…一小把
- 水…50~60ml

- ■喜欢的馅料（奶酪、香肠、比萨酱、青椒等）…适量

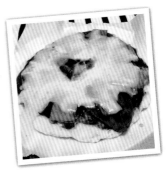

1 将A放入到小盆中进行混合搅拌，盖上保鲜膜静置10分钟左右。

如果面坯黏黏的话可以稍稍加些面粉，如果太干的话可以适当加水调节！

使用低筋面粉也可以制作，只是会稍稍减弱些出炉时的弹性！不过口感要比高筋面粉清淡哦！

面坯稍稍放一会儿会更容易操作哦！

等待时，可以先切好馅料，这样可以节省时间。

2 将烹调纸剪成20cm×20cm大小，将面坯滚圆按平放在纸上。整理好形状后，使用叉子扎出一些小孔。

烧制后会膨胀，所以面坯要擀得薄一点

如果黏手的话可以一边撒上面粉一边拉伸面坯

此操作也可以省略哦~！

使用叉子扎出小孔的步骤，是防止烤制时面坯浮起来！

3

2放在每一张烹调纸上放入煎锅中，再放入喜欢的馅料，盖上盖子小火烤10分钟左右。

首先放在煎锅
中不点火

涂上酱料，放
入喜欢的馅料

盖上盖子，小火
烤制10分钟左右

完成~！

也可以制作
成几个小小
的比萨呦~！

将面坯做厚的话柔
软蓬松，做薄的话
香脆可口哦~！！

完成！

看起来好好
吃哦！

嗯！嗯！

噔噔噔噔~

小贴士！

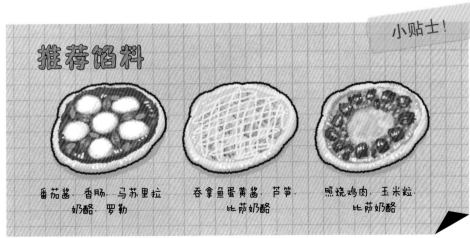

推荐馅料

番茄酱·香肠·马苏里拉
奶酪·罗勒

吞拿鱼蛋黄酱·芦笋
比萨奶酪

照烧鸡肉·玉米粒
比萨奶酪

蘸着吃好吃！涂上去美味！面包的最佳拍档食谱

介绍一下在烤制到恰到好处的面包片上，厚厚的涂上一层最美味的奶油或果酱！

卡仕达酱 （3~4人份）

1 在小盆中加入低筋面粉20g，砂糖3g，1个全蛋，细细搅拌。然后分2~3次倒入微波炉加热30秒的牛奶200ml，再搅拌。

> 香草奶精加入少许的话会更美味哦~！

> 使用2个蛋黄来代替一个全蛋的话，可以制出更加浓厚的卡仕达！！

嗯~
好香~！！

2 将1移动至锅中，小火一边注意不要烤焦一边搅拌，提高黏稠性。达到喜欢的软硬程度后即完成！

> 不停地搅拌！防止烤焦哦~！

改良奶油

小贴士！

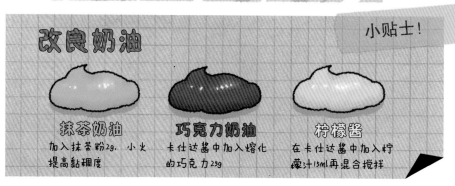

抹茶奶油
加入抹茶粉2g，小火提高黏稠度

巧克力奶油
卡仕达酱中加入熔化的巧克力25g

柠檬酱
在卡仕达酱中加入柠檬汁13ml再混合搅拌

牛奶酱 （3~4人份）

1 在锅中加入牛奶300ml，砂糖120g，中火搅拌烹煮。

加一点朗姆酒、白兰地或香草精，味道会更好哦~

我是朗姆酒派系的呦!

中火10分钟后换成小火，这样不容易烤焦!

2 量减少到一半，颜色呈微微茶色即完成!

放凉之后会变硬，因此在尚软的状态下关火最佳哦!

サッ

可以放入经过高温消毒的容器内，待冷却后盖上盖子，放入冰箱冷藏~!

拧紧
拧紧

谨防盖子上有水滴哦!

小贴士!

新发明牛奶酱

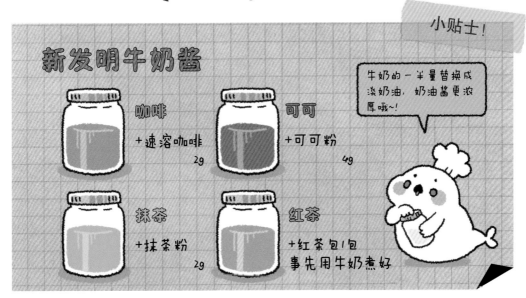

咖啡
+速溶咖啡
2g

可可
+可可粉
4g

牛奶的一半量替换成淡奶油，奶油酱更浓厚哦~!

抹茶
+抹茶粉
2g

红茶
+红茶包1包
事先用牛奶煮好

迅速成形的 **吐司食谱**

只需要将普通的吐司稍稍花些工夫，就可以瞬间得到绝品吐司！

蛋黄酱鸡蛋吐司

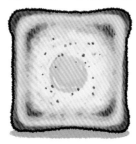

浓厚！
荷包蛋吐司！

哇哦

①用蛋黄酱划出一个框框
（做出高度）。
②当中放入荷包蛋，根据
情况使用吐司炉烤制。

棉花糖吐司

棉花糖
绵绵软软~！

①涂上炼乳，撒上肉桂粉与可可
粉等（啊，好~~~吃！）。
②放上棉花糖，吐司炉烤制。

迅速成形的 法国吐司

鸡蛋1个，
牛奶150ml，砂糖10g
这些材料可以用于
2片面包片哦~！

嘟啦……

①将面包片浸入到放有牛奶、鸡
蛋、砂糖、香草奶精的液体中，不
用盖上保鲜膜直接放入微波炉每面
加热30秒。
②使用放入黄油的煎锅进行煎制。

牛油果蛋黄酱奶酪吐司

根据个人喜好，可
以浇上酱油和胡椒
粉享用哦~！

我也要！

①面包片上薄薄地涂一层蛋黄
酱，然后在上面摆放切片的
1/2个牛油果。
②熔化1张奶酪片放在上面，
放入吐司炉烤制。

2章 粉类点心

香香脆脆！蓬松柔软！

不用烤箱也可以做成的正宗的蛋糕与口感愉悦的曲奇！

3分钟出炉的马克杯蛋糕

只需要3分钟忙碌的清晨最佳拍档。
热气腾腾的样子，感觉好愉快的杯蛋糕哦~。

材料（大一点的马克杯<9.5cm × 7cm，使用>1个）

■ 低筋面粉…45g ■ 泡打粉

■ 鸡蛋…1个 …小勺1/2勺（2g）

■ 牛奶…15ml ■ 色拉油

■ 砂糖…20g …1小勺（4g）

1 将全部的材料放进马克杯中，混合搅拌。

惰惰拉拉

呼噜噜…

哇啊~~

杯子太小的话面还就会溢出来，请使用大一点的杯子哦~！

快起来！
快起来！

2 微波炉2分钟加热！

热乎乎　　哇哦

（30秒后）　（2分钟后）

看情况可以取出了哟！

晶晶　大口吃

小贴士！

新发明更加好~~~~吃！

使用2~3大勺的果酱也可以代替砂糖哦！

蓝莓酱　　草莓酱　　柚子茶

可可粉小勺　抹茶粉小勺　咖啡小勺

也可以加入香草奶精、可可，还有溶解好的速溶咖啡哦！

放上冰块与淡奶油享用的话，更加美~~~味！

放上冰淇淋　　放上淡奶油

咦？怎么也放在我头上？！

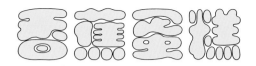

只需要搅拌再烹煮！ 吞吞软软的！
香蕉蛋糕

只需要将材料混合搅拌，轻松地按下开关，就是这么简单！
需要清洗的东西很少，更简单！

材料（5碗米饭容量的电饭煲1台）

- 日本豆腐…150g
- 香蕉…2～3个
- 煎饼粉…150g
- 鸡蛋…2个
- 砂糖…40g

1 将日本豆腐捣碎。将香蕉粗略地压碎。

两种都放入塑料袋，鼓扭鼓扭地压碎，好有趣的~！

推荐使用熟透的香蕉！

2 将全部的材料放入5碗米容量的电饭煲，混合搅拌，按照普通的煮饭形式。

如果没有煎饼粉的话，可以使用低筋面粉125g、砂糖15g、土豆淀粉5g、泡打粉5g进行替代。

推荐加入香草奶精

3 煮了一会儿用竹签刺一下，如果面坯留在竹签上就需要再煮一会儿。
煮好之后趁热将蛋糕取出放在蛋糕架上冷却。

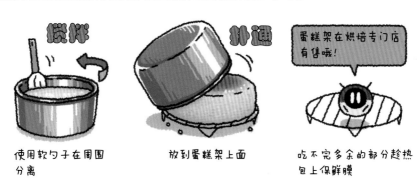

搅拌

朴通

蛋糕架在烘焙专门店
有售哦！

使用软勺子在周围
分离

放到蛋糕架上面

吃不完多余的部分趁热
包上保鲜膜

完成！

香喷喷

趁热吃热
乎乎哦~！

热腾腾

包上保鲜膜一天之
后还糯糯的！

小贴士！

新发明香蕉蛋糕

香蕉与可可
非常搭配呢

咕叽
咕叽

1粒分为4等份加入

核桃也
很好吃

1 可可粉30g

+糖块5~6粒

+杏仁30g
+巧克力片30g

了不起呀～电饭煲!

还有其他的，非常简单的电饭煲蛋糕!
介绍我推荐的改良版食谱!

法式苹果挞风味

探头

材料（5碗饭电饭煲1个）

- 苹果…1个
- 柠檬汁…适量
- 黄油…适量
- 砂糖…适量

A
- 煎饼粉…200g
- 鸡蛋…2个
- 牛奶…130ml
- 红茶茶包…2包

1 苹果切成薄块状，浇上柠檬汁。在电饭煲内壁上涂上黄油，铺上砂糖，将苹果整齐地摆放其中。

如果是无农药的苹果，推荐连皮一起使用，这样可以做出漂亮的红色。

与柠檬汁一起浇上朗姆酒，适合大人口味哦!

用珍珠糖代替砂糖也很美味哦～!

我扔~
我扔~

2 将A放入到小盆中，浇到1上面，正常煮饭。

也可以放入红茶的叶子哦!

用竹签刺入如果可以带起面坯的话需要再次进行烹煮!

用软勺子轻轻地搅拌

根据电饭煲不同有可能需要煮2~3次。

扑哧

热气腾腾

芝士蛋糕

材料（5碗饭电饭煲1个）
- 奶油奶酪…200g
- 砂糖…50~60g
- 淡奶油…150ml
- 鸡蛋…3个
- 柠檬汁…7~10ml
- 低筋面粉…15g

咕叽

咕叽

1 将奶油奶酪和砂糖放入小盆中，细细搅拌。再加入淡奶油、鸡蛋、柠檬汁，最后加入低筋面粉搅拌。

最初先放入恢复到常温的奶油奶酪与砂糖进行搅拌.

由于奶油奶酪比较硬，也可以事前做成奶油状！

低筋面粉最后筛入时注意不要成团搅拌哦~

筛粉器在各烘焙用品店均有售！

2 放入电饭煲中进行正常煮饭操作，然后放入到冷藏室，充分冷却后取出放到盘子上。

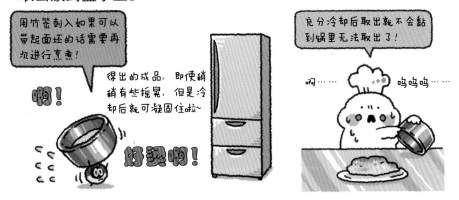

用竹签刺入如果可以带起面坯的话需要再次进行烹煮！

啊！

得出的成品，即使稍稍有些摇晃，但是冷却后就可凝固住啦~

好烫啊！

充分冷却后取出就不会黏到锅里无法取出了！

啊……   呜呜呜……

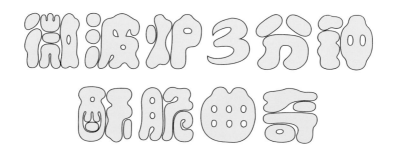

微波炉3分钟酥脆曲奇

只需要混合搅拌材料，微波炉简单加热即可完成。
最后放入到冷藏室，是提升口感的秘诀！

材料 （3~4人份）	A	鸡蛋…1个	■低筋面粉…150g
		砂糖…70g	
		香草奶精…少许	
		黄油（人造黄油也可）…80g	

38

1 将A放入到小盆中搅拌，再加入低筋面粉，使用软勺子洗洗搅拌。

事先将黄油放置到常温，搅拌起来更容易~！

低筋面粉，无须筛粉！

2 用汤匙将面坯按照一口大小盛放到烹调纸上，摆放整齐。此时，由于面坯会膨胀变大，因此摆放时注意保留间隔。

也可以挤出来！

3 微波炉加热2分30秒～3分钟，待凉后放入冷藏室，这样可以更酥脆。

用烤箱烤制的时候是从外面开始焦，用微波炉是从内部开始焦！

2分钟的时候先取出来看看样子再继续烤~

热气腾腾

完成！

脆脆哒
脆脆哒

只需要搅拌再烤制，想到了立即可以实现呢！

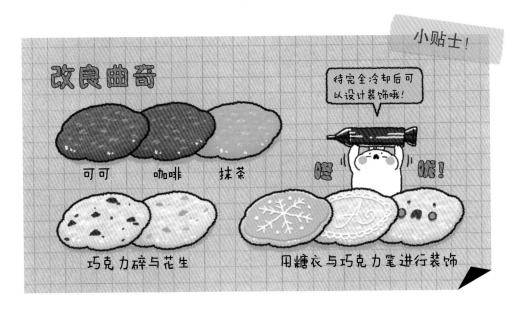

小贴士！

改良曲奇

待完全冷却后可以设计装饰哦！

可可　咖啡　抹茶

嗯！　嗯！

巧克力碎与花生　　用糖衣与巧克力笔进行装饰

煎锅香脆 意式脆饼 （Biscotti）

即使没有烤箱，脆脆香香的意式脆饼也可以完成哦！
嚼劲十足的秘诀是微波炉！

材料
（2人份）

- ■鸡蛋…1个
- A
  - 低筋面粉…100g
  - 砂糖…30g
  - 泡打粉…1小勺（4g）
- ■巧克力板 …1/2板（25~30g）
- ■花生…25g

1 在小盆中加入鸡蛋，打匀。加入A搅拌，再加入剁碎的巧克力、花生搅拌。搅匀后团成团在菜板上撒上面粉，放好面坯，做成厚度为2~3cm的椭圆形。

搅拌成团~

无论如何都比较渣的话可以加牛奶调节.

巧克力花生都大致切碎！特别是巧克力如果切得太小容易化掉.

2 在煎锅里铺上烹调纸，放好面坯，盖上盖子，小火每一面煎10分钟。触摸一下，如果还觉得生的话，可以再煎一会儿。变成柔软的曲奇的样子后按照1cm宽度切开。

盖上盖子两面煎

边上还水水的话证明还是生的！

这里！

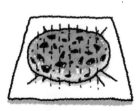

确认看看是否煎好啦

切的时候注意,不要切散.
按照1cm宽度切开

3 切开的意式脆饼，按照一定间隔放置到烹调纸上。微波炉加热5分钟，取出后冷却。

每种微波炉的功率不同，如果闻到烧焦的气味请注意观察！

就这样放进去哦

蘸着热牛奶和咖啡享用的话更美味！

完成！

小贴士！

改良意式脆饼

用珍珠糖代替一半砂糖

+抹茶粉6g，巧克力换成白巧克力

+速溶咖啡4g +剁碎的西梅

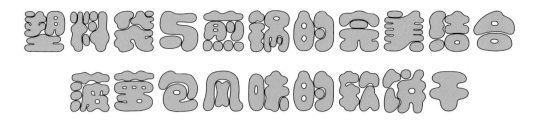

塑料袋与煎锅的完美结合 菠萝包风味的软饼干

四周香脆、中间柔软的软饼干风味。
外观看起来很可爱，所以可以作为礼物哦！

材料
（2人份）

A
- 低筋面粉…120g
- 鸡蛋…1个
- 砂糖…30g
- 香草香精…少许

- ■黄油（人造黄油也OK）…40g
- ■颗粒糖…适量

1 将A与微波炉加热了30秒的黄油加入塑料袋中，晃一晃。

面粉不需要筛制！

请矸矸地加进去.

嘿呦

2 揉好了之后取出放在烹调纸上整理出形状。想做成棒状的话，平铺后按4个角延伸，想做成菠萝包形状的话，先做成比乒乓球要小的圆形。

做成饼干棒的在完成后是脆脆的~

黏黏糊糊

菠萝包形状的有点像软司康饼的口感！

3 用刀轻轻划开一点，在煎锅上每一张烹调纸上铺好一个面坯，盖上盖子微小火煎制20分钟。表面颗粒糖闪闪发光，翻面后拿起盖子再煎制5分钟。达到喜欢的颜色后再煎烤一下，主要是为了保存热度。

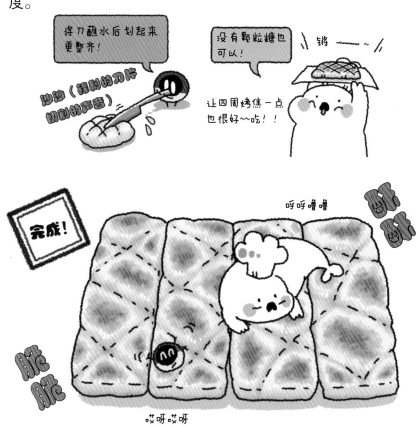

将刀蘸水后划起来更整齐！

沙沙（轻划的刀片切割的声音）

没有颗粒糖也可以！

铛————~

让四周烤焦一点也很好~吃！！

呼呼噜噜

酥酥

完成！

脆脆

哎呀哎呀

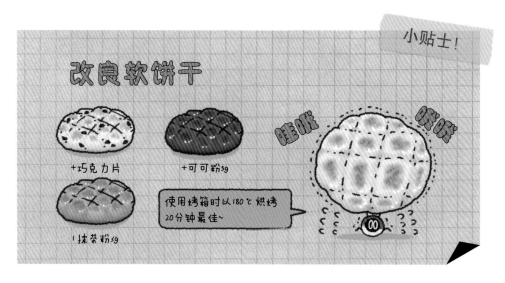

小贴士！

改良软饼干

+巧克力片

+可可粉5g

哇咪

哒咪

|抹茶粉5g

使用烤箱时以180℃烘烤20分钟最佳~

香香脆脆！脆心巧克力

可可脆心被巧克力包裹
咔咔的口感让人着迷~！

材料
（2~3个分）

- ■奥利奥…4片（40g）
- ■饼干…15~20g
- ■巧克力板…1板（50~60g）

1 将奥利奥放入塑料袋碾碎。饼干用手掰成大块，与奥利奥一起放入盘子。

奥利奥碾碎·

嘎嘣
嘎嘣

饼干比曲奇的
口感要好哦~！

哇哦哦哦！

2 巧克力板用热水熔化，2/3放入**1**的盘子里，均匀地搅拌。

哎哟！
哎哟！

煎锅中放水加热到有
点烫的程度，关火放
入盛有巧克力的容
器，进行熔化！

2/3！

黏糊糊

3 取出来放在铺有烹调纸的盘子上或垫子上，将形状整为厚度1cm的长方形。从上至下将剩下的巧克力涂上，都涂好之后放入冷藏室冷却。凝固之后，切为2~3等份。

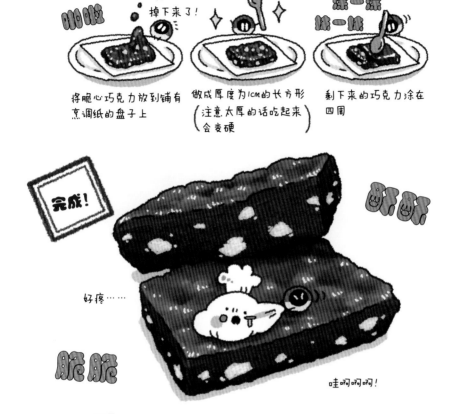

啪啦

啊！
掉下来了！

涂一涂
抹一抹

将脆心巧克力放到铺有烹调纸的盘子上

做成厚度为1cm的长方形
（注意太厚的话吃起来会变硬）

剩下来的巧克力涂在四周

完成！

啣啣

好疼……

脆脆

哇啊啊啊！

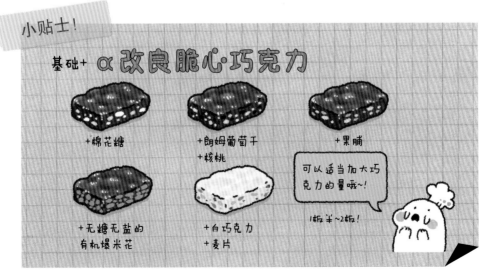

小贴士！

基础+α **改良脆心·巧克力**

+棉花糖

+朗姆葡萄干
+核桃

+果脯

+无糖无盐的有机爆米花

+白巧克力
+麦片

可以适当加大巧克力的量哦~！

1板半~2板！

微波炉烤出的香脆美味吐司干

一口大小，可以痛快地吃哦！
只需使用面包的边边即可以简单完成的食谱哟~！

材料（面包片1片份）
- 面包片…6~8片装的1片
- 黄油（人造黄油也OK）…20g
- 砂糖…5g+5g（1和3使用）

1 将面包片分为24等份放入小盆中。加入微波炉加热30秒溶解的黄油，均匀搅拌后加入5g糖，再搅拌。

想用普通的菜刀整齐地切开，只要将菜刀稍稍在炉灶上烤一下就好啦~

法国面包也可以做得很好吃哦

我切！
我切！

铿

2 避免重叠整齐地摆放在烹调纸上，微波炉加热1分钟，打开门观察一下。同样加热方式共进行3次。

由于微波炉种类不同，功率也不同，如果闻到焦味立即停下来。

吭哧

吭哧

3 趁热撒上5g砂糖，然后冷却。

趁热砂糖容易黏到上面

如果不喜欢太甜的人就不必加入第二次砂糖啦~

啪啦啪啦

咔嚓咔嚓

完成！

只需使用面包边边就可以制作，太好啦~

脆脆

脆脆

小吃~
下酒菜~！

小贴士！

改良吐司干

无论是低调的戚风蛋糕和卡斯特拉，还是吐司干，都好吃！

豆粉也很好~吃哦！

也很适合下酒哦！

咕唧咕唧

+肉桂

（在3中与砂糖一起按照喜好的量加入）

+大蒜·香芹

（不许加入砂糖·大蒜1/2~2片打成泥加到1中，在3中撒上干香芹和盐，调味）

半解冻时最美味的冰淇淋可丽饼

午饭中最常见的冰淇淋可丽饼在家里也可以制作啦~
请使用您喜欢的果酱。

材料	●面坯	●夹心	
（8个份）	■低筋面粉…100g	■奶油奶酪…200g	■明胶粉…5g
	■砂糖…20g	■砂糖…30g	■热水…40ml
	■牛奶…200ml	■酸奶…160g	■喜欢的果酱
	■鸡蛋…1个	■柠檬汁…10ml	…适量
	■黄油…适量		

1 制作面坯。将低筋面粉与砂糖加入小盆当中搅拌，再一点点加入牛奶与鸡蛋的混合液进行搅拌。在煎锅中加热黄油，微小火将可丽饼面坯烤制8张。

待煎锅加热后再使用效果会更好！

好烫！

可以刷黄油也可以不刷！

每一张都少一点比较好哦~

铺薄后再烤

2 将奶油奶酪与砂糖放入小盆中，使用手持式搅拌器搅拌，再加入酸奶与柠檬汁搅拌。再加入用热水熔化的明胶粉，放入冷藏室冷却30分钟。

最初先搅拌恢复到常温的奶油奶酪与砂糖。

一下子都放到里面搅拌的话，奶油奶酪不容易搅拌均匀

热水只要用微波炉加热30秒就可以~！

等一下明胶液

48

3 2变为慕斯状之后细细搅拌，涂到可丽饼面坯的一半，在中间放入
果酱然后对折。保鲜膜包上后冷冻。

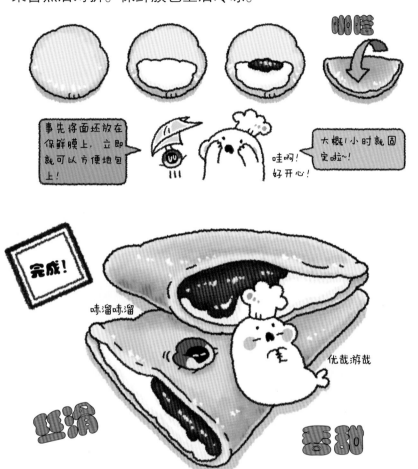

事先将面坯放在保鲜膜上，立即就可以方便地包上！

哇啊！好开心！

大概1小时就固定啦~！

完成！

味溜味溜

优哉游哉

丝滑

香甜

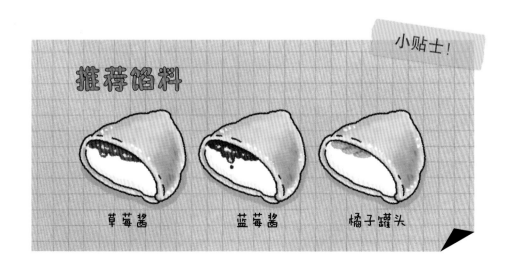

小贴士！

推荐馅料

草莓酱　　　蓝莓酱　　　橘子罐头

煎锅法式夹心巧克力蛋糕

黏腻感绝妙的巧克力夹心蛋糕
冷了后再加热享用哦。

材料
（6个份）

- ■ 鸡蛋…1个
- ■ 砂糖…30g
- ■ 巧克力板…1板（50~60g）
- ■ 黄油（人造黄油也OK）…40g
- ■ 低筋面粉…20g
- ■ 可可粉…5g

1 将鸡蛋与砂糖放入小盆中，使用手持式搅拌器打成白色泡泡状。在另外的盘子中加入剁碎的巧克力板与黄油，不需要保鲜膜直接放进微波炉加热30秒。充分溶解后再搅拌，加入蛋液，大致搅拌。

加入全蛋也没有关系哦!

黏稠~
黏稠~

2 在1中分2~3次加入低筋面粉与可可粉，简单地搅拌，倒进去除掉上部分1/3的纸杯中。

//哗啦//

小心倒进去哦，是不是都得要少一点呢？

快点烤好~!
快点烤好~!

3 将纸杯放到煎锅上，盖上盖子微小火烤制35~40分钟。

用竹签刺中心部分，如果已经烤好了即完成

上面感觉还有点生的程度已经可以出炉啦

普通的巧克力夹心蛋糕是中间比较软，但是我们是用煎锅制作的所以上面比较软！

咕唧咕唧

完成！

扎一下

光溜溜

小贴士！

改良巧克力夹心·蛋糕

同样分量的面坯使用180℃烤制10~13分钟，会形成中心柔软丝滑的巧克力夹心蛋糕！

(巧克力板换为白巧克力，去掉巧克力粉)

(巧克力板换为白巧克力，巧克力粉换为抹茶粉)

这……这……这里露馅了~

哗啦啦~

只需两种材料即可完成的巧克力蛋糕

只需要搅拌一下两种材料烤制！
只是这样，就可以得到美味的巧克力蛋糕

材料
（牛奶盒模型1个）
- 巧克力板
  …1板（50~60g）
- 鸡蛋…1个

● 牛奶盒模型的制作方法

完成！

将上部分剪掉

将侧面剪掉

剩余的部分折进去

订书钉固定完成！

然后，在侧面与底面铺上烹调纸.

铺

放进煎锅试高度，如果盖不上盖子的话需要再调整高度.

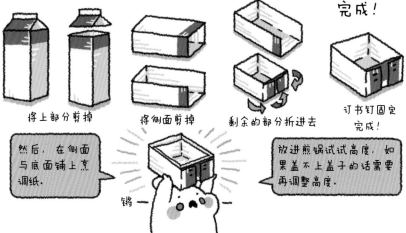

● 经典巧克力蛋糕的制作方法

1 将巧克力板细细地切碎，用热水熔化。将鸡蛋的蛋白蛋黄分开。将蛋白放入小盆中搅拌打泡，制作出完美的蛋白霜。

使用手持式搅拌器制作蛋白霜才有趣哦~!

打到将小盆底向上，蛋白霜也不会掉下来的程度哦~!

牢牢实实！

2 1的巧克力中加入蛋黄使用软勺子搅拌，再加入蛋白霜，注意搅拌时避免消泡。

3 将面坯顺势倒进牛奶盒模型中，放置到煎锅上，盖上盖子小火煎30~35分钟。然后放进冷藏室充分冷却再从模型上取下来。

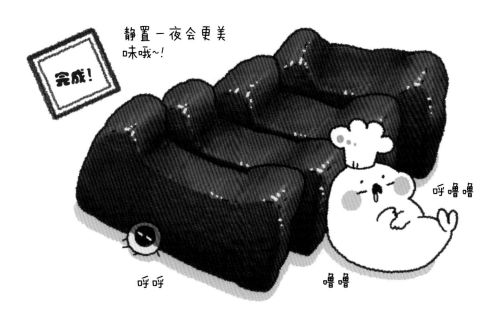

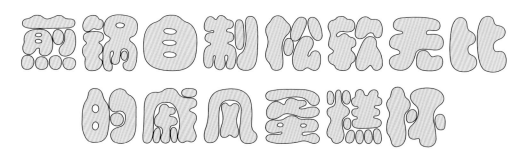

煎锅自制松软无比的戚风蛋糕杯

没有戚风蛋糕模型也没有关系
可以随手拿起身边的纸杯制作小巧精致的戚风蛋糕哟！

材料
（3个份）

●蛋黄液

A
煎饼粉…20g
砂糖…10g
牛奶…10ml
蛋黄…1个

■黄油（人造黄油也OK）…10g

●蛋白霜

■蛋白…1个
■盐…少许
■砂糖…10g

1 将A与微波炉加热20秒熔化的黄油都放入小盆中搅拌。

如果没有煎饼粉，可以使用低筋面粉15g与泡打粉2g、砂糖3g来代替哦

熔化的黄油使用人造黄油也可以哦！

好嘞

煎饼粉

2 将蛋白与盐放进另外的小盆中，制作蛋白霜。加入砂糖再搅拌，制作成有光泽的蛋白霜。

请加盐！！！

盐只需要少许！

这样可以使蛋白霜稳定！！

柠檬汁与盐是同样效果，也可以加柠檬汁哦~

2滴左右

3 **1**的蛋黄液中分2~3次加入**2**的蛋白霜，简单搅拌。在剪掉上面1/3部分的纸杯中加入面坯，摆放到煎锅中，盖上盖子微小火煎约25分钟。

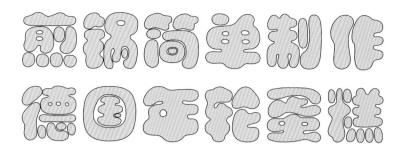

煎锅简单制作德国年轮蛋糕

像千层糕一样，几层的面坯重叠而成
带来漂亮的层次感的年轮蛋糕！

材料
（2人份）

A
- 煎饼粉…100g
- 土豆淀粉（玉米淀粉也OK）…50g
- 砂糖…20g

B
- 鸡蛋…2个
- 牛奶…100ml
- 蜂蜜…30g
- 香草奶精…少许

■黄油…40g

1 将A放入小盆中搅拌。加入微波炉加热20秒的黄油与B，搅拌均匀。

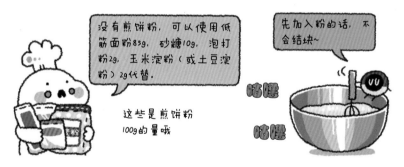

没有煎饼粉，可以使用低筋面粉85g，砂糖10g，泡打粉2g，玉米淀粉（或土豆淀粉）2g代替。

这些是煎饼粉100g的量哦

先加入粉的话，不会结块~

2 将面坯轻轻放入煎锅中，两面都煎至金黄色后先取出装碟。再向煎锅中倒入相同分量的面坯，与取出来的面坯重叠。取出煎制的面坯，同样重叠再煎制。

从极小火到小火…

煎制的时候稍微按一下，才能整体厚度一致

两面分别煎制　　取出，倒入下一勺面坯　　马上重叠在一起煎制

3 煎好之后立即用保鲜膜包上，放入冷藏室冷却。冷却后比较容易切。

到了第二天，变得更加有弹性哦~

咕叽咕叽

完成！

好想一张一张揭起来吃哦~

加油！加油！

加油！加油！

干巴

干巴

小贴士！

改良年轮蛋糕

烤制的面饼在中途更换种类的话，有个性哦！

—— 开心果
← 可可粉
← 浓厚可可粉
← 薄薄的原味

+巧克力片

抹茶粉
+
可可

抹茶粉
+
白巧克力

+草莓酱

让食谱成功的秘诀 第一篇

制作面包与点心最重要的是，让它很好地发起来。
教给大家膨胀的方法和成功的秘诀哦！

低筋面粉+砂糖+泡打粉的总量
⬇
可以用相同重量的煎饼粉代替

3分钟马克杯蛋糕也可以用煎饼粉制作哦~

啊~啊！只有一个人好狡猾~！

Q. 泡打粉的量比较少，是不是可以不加呢？

A. 请一定要加入泡打粉

泡打粉主要是面粉发酵膨胀的力量的源泉，不加入泡打粉的话面包就瘪啦~

扁啦！ 吗！吗！

在这里说的都是关于料理的话题哦~！

是帮助我们不失败的重点哦~！

- 有一种苏打粉它的膨胀力量是泡打粉的2倍！
- 苏打粉与热源发生反应使之膨胀，因此醒面是最重要的。泡打粉是与水和空气发生反应使之膨胀的，因此需要立即烤制。
- 苏打粉是横向膨胀，泡打粉是纵向膨胀。
- 苏打粉烘烤出来的颜色比较深，有独特的风味

Q. 苏打粉也有膨胀的作用，是否可以代替泡打粉使用呢？

A. 主要根据要制作的种类。

泡打粉经常被使用在洋点心里，苏打粉经常被使用在日式点心里~！

哪一种都在烘培店有售~！

蛋糕　铜锣烧

【自制煎饼粉】
相当于煎饼粉100g分量

- 低筋面粉 80g
- 砂糖 10g
- 土豆淀粉 7g
- 泡打粉 3g
- 盐一点点

比买的要便宜很多，而且发得很好哟~！

⬇
将全部的材料放入到袋子里摇晃~！

Q. 加入了酸奶薄煎饼还是不膨胀是为什么？

A. 间隔的时间太长，或者是搅拌过头了，都不会膨胀的~！

发生二氧化碳的反应，马上就会结束，一定要尽快烘烤！

一定不要过度搅拌使面糊消泡！

Q. 在煎饼中加入酸奶与柠檬汁为什么能膨胀？

A. 是受到发酵碳酸的影响！

泡打粉当中的发酵碳酸与酸奶和柠檬汁发生反应，产生二氧化碳使之膨胀。

*苏打粉也发生反应哦！

【苏打粉制作的铜锣烧】

（约8个份）

- 低筋面粉100g
- 苏打粉1/2小勺
- 鸡蛋2个
- 砂糖80g
- 蜂蜜2小勺
- 牛奶15~30ml

一如既往都是使用在铜锣烧皮上哦

面坯静置1~2小时哦！加上豆沙和淡奶油！

清凉美味!

3章 固化点心

冰淇淋、布丁、啫喱等，
只需搅拌凝固后，即可简单完成的点心哟～！

绵绵软软
手工打造的棉花糖

超乎想象的绵软！
一定要品尝一下它的味道哦！

材料
（2~3人份）

■ 明胶粉…10g   ■ 砂糖…50g

■ 水…50ml   ■ 柠檬汁…5ml

■ 鸡蛋白…1个   ■ 可可粉…适量

1

在杯子里加入明胶粉与水，事前浸泡。在小盆中加入蛋白，使用手持搅拌器打出泡泡。分2~3次加入砂糖，制作出蛋白霜。

制作蛋白霜的秘诀，一定要使用完全没有水和污渍的干净的小盆~！

即使一点点的污染也可能会成为不起泡泡的原因哦。

啊……！

使用低速搅拌变成奶油状之后，分2~3次加入砂糖然后高速搅拌！

2

1的杯子使用微波炉加热30秒，然后倒入蛋白霜的小盆。再加上柠檬汁，使用手持搅拌器再进行打泡。

可以趁热放进去哦！

长时间一直搅拌的话会变硬，一定要注意！

哗啊啊！

咕咚   咕咚

咕咚

3 将**2**倒入铺有烹调纸的容器里，冷藏1~2小时冷却凝固后撒上可可粉，根据个人喜好分割。

这样比较好操作！

多多地撒上粉哦！

飘洒~

完成后品尝一下

这种绵软感~~!

吧~唧

完成！

没话说~~!

卟唧

小贴士！

改良棉花糖

撒上玉米淀粉可变身白色的棉花糖哦！

最后完成时撒上的可可粉，可以尝试任何种类代替！

抹茶粉玉米淀粉

豆粉黑芝麻

棉花糖甜点
巧克力慕斯蛋糕

蛋白霜和明胶共同完成的棉花糖，
简单制作出巧克力慕斯蛋糕！

材料（牛奶盒模型1个）

- 曲奇…40g
- 黄油…20g
- 巧克力（推荐苦味 巧克力）…25g

A
- 棉花糖…50g
- 牛奶…100ml
- 可可粉…6g

制作P52的经典巧克力蛋糕时介绍了牛奶盒模型的使用哦！

大致上，半个牛奶盒长度那么大啊！

锵—

1 将曲奇压碎与溶解的黄油混合搅拌，放入牛奶盒模型的底部。

黄油可以用微波炉加热20秒进行熔化哦~！

只要一瞬间啊！

使用汤匙背面一点点按压铺在盒子底部！

2 将A放进锅里煮溶，把火关掉，加入压碎的巧克力然后溶解。倒进1的模型内，放入冷藏室冷却凝固。

巧克力必须要在关火后放入……

如果用火过量的话，巧克力就会分离了……

制作白色巧克力版本时，白巧克力的量控制在50g！

正常类型的推荐使用黑巧克力~

乳酪巧克力慕斯蛋糕

材料（牛奶盒模型1个）

- 曲奇⋯40g
- 黄油⋯20g

A
- 棉花糖⋯50g
- 奶油奶酪⋯100g
- 牛奶⋯100ml

- 柠檬汁⋯15ml

1 将曲奇碾碎，与微波炉加热20秒溶解后的黄油混合搅拌，铺到牛奶盒的底部。

与巧克力慕斯蛋糕相同哦~

使用海绵蛋糕和卡斯特拉铺在底部，代替曲奇也很美味的~

压碎也行 原样也行~

2 锅中加入A熔化，关火加入柠檬汁搅拌。倒进1的模型里，放进冷藏室冷却固化。

如果着急的话也可以加热哦！

奶油奶酪，需要事前拿到常温融化哦~

搅拌！

如果不充分冷却，刀切下去容易变形！

取出时，从牛奶盒四周开始切开

卡斯特拉盖在底部也很美味哦⋯⋯

除使用牛奶盒模型以外，做成杯状甜点，钻孔形都很有个性哦！抹茶粉与饼干、奶油奶酪混合的话，可以做成绿色的抹茶奶酪慕斯！

哇啊啊~

浓厚！香草冰淇淋

使用动物性淡奶油，完成地道风味的浓厚冰淇淋！
如果想要清爽口味，可以试试植物性淡奶油哟。

材料
（2~3人份）

- 淡奶油···70ml
- 砂糖···20g
- 鸡蛋···1个
- 香草奶精···适量

1 小盆中加入淡奶油，加入砂糖打起泡。

到奶油能立住的程度！

唔哇哇哇！

好想就这样吃~

2 在1中加入香草奶精，使用软铲以不打消泡泡来进行搅拌。

鸡蛋最好是打好后再放进去

剩的泡泡越多，最后完成时越蓬松！

哇！

啊！

3 放入到密封保存的容器内，在冷藏室中冷藏5小时。

如果嫌麻烦的话在小盆上直接盖上保鲜膜放进冷藏室！

淡奶油打出的泡泡，中途取出时不需要再搅拌了~

Sorry
Sorry

疼…

完成！

清清凉凉

清清凉凉

丝丝凉气……

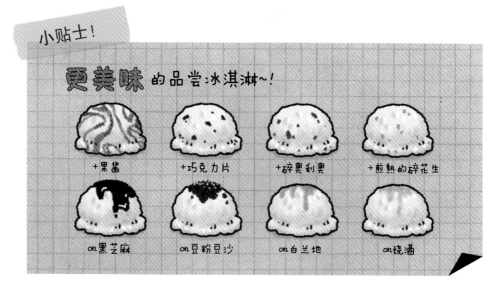

小贴士！

更美味的品尝冰淇淋~！

| +果酱 | +巧克力片 | +碎奥利奥 | +煎熟的碎花生 |

| on黑芝麻 | on豆粉豆沙 | on白兰地 | on烧酒 |

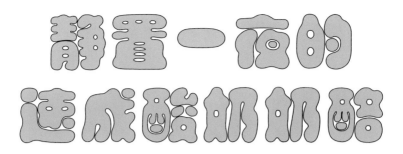

静置一夜的速成酸奶奶酪

浓厚的酸奶奶酪
配合喜欢的果酱与酱汁一起享用吧！

材料 （2人份）	■酸奶…150g ■砂糖…10g ■淡奶油…60ml

1 将全部材料放入小盆中，细细搅拌。

> 如果使用的是加糖的酸奶，可以不必再加砂糖！

> 不必打出泡泡进行搅拌。

2 在咖啡过滤器中安装过滤纸，放置在杯子上方，将1倒在过滤纸上，过滤后盖上保鲜膜放进冷藏室静置一晚。

把滤纸放入过滤器中

过滤器放到杯子上

把倒进来包上保鲜膜

> 过滤器过滤纸烘焙用品店有售哦。

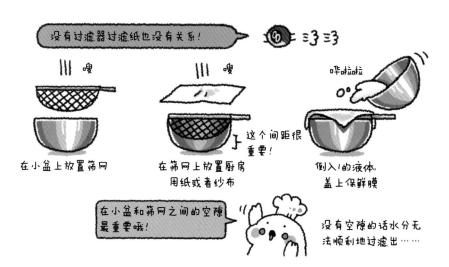

没有过滤器过滤纸也没有关系!

嗖

嗖

哗啦啦

在小盆上放置筛网

在筛网上放置厨房用纸或者纱布

← 这个间距很重要!

倒入1的液体,盖上保鲜膜

在小盆和筛网之间的空隙最重要哦!

没有空隙的话水分无法顺利地过滤出……

3 盛装到盘子上,与蜂蜜和果酱、蜜饯等一起品味~!

酸奶的酸味与淡奶油相互融合~

非常浓厚!了不起!

好好好吃~

我经常浇上蓝莓酱吃哦~

完成!

吵

吵

吵

制作布丁

明胶做的布丁

介绍使用明胶冷却凝固的布丁和
鸡蛋的力量凝固而成的简单一人份布丁

蛋黄2个

牛奶400ml
香草精油适量

砂糖40g

我扔
我扔

慢走哦~

材料（2人份）

A
| 蛋黄…2个 |
| 牛奶…400ml |
| 砂糖…40g |
| 香草奶精…适量 |

■明胶粉…5g　■水…15ml

将A在锅中仔细搅拌，开火。加热到沸腾之前关火，加上用水浸泡过的明胶粉，细细地搅拌调融，使用滤茶网过滤，倒入容器中冷却。

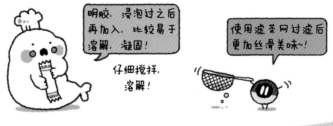

明胶，浸泡过之后再加入，比较易于溶解，凝固！

仔细搅拌，溶解！

使用滤茶网过滤后更加丝滑美味~!

小贴士！

改良布丁　（下列材料+15ml的水浸泡的明胶5g）

少女的味道

有点涩…

很是清爽

草莓布丁
搅拌机搅拌过的草莓100g，牛奶350ml，砂糖40g

抹茶布丁
抹茶粉一大勺，牛奶400ml，砂糖40g

酸奶布丁
酸奶200g，柠檬汁15ml，牛奶200ml，砂糖40g

微波炉布丁

材料（1人份）

A ┌ 砂糖…1大勺
  └ 水…3ml

B ┌ 鸡蛋…1个
  │ 牛奶…140ml
  └ 砂糖…15g

探头……

砂糖1大勺

水3ml

1 马克杯中加入A，微波炉加热1分钟左右，加水3ml（分量外）轻轻摇晃杯子进行混合调匀。调好后加入焦糖凝固放置冷却。

一下倒入微波炉加热后的水

哆哆哆~

加水时注意飞溅~!

哇啊啊~

2 在小盆中加入B仔细搅拌，倒入1的马克杯中。不必使用保鲜膜加热2分钟~2分钟30秒。从微波炉中取出后盖上保鲜膜，包裹上毛巾放置15分钟!

利用余热使布丁凝固!

之后放进冷藏室冷却，凝固好之后布丁完成!

温暖

温暖

出……出不去了~!

使用有高度的杯子制作的话，倒入盘子的时候容易倒塌变形~!

嗯嘟嗯嘟

了不起的果胶！水果布丁

明胶与鸡蛋都不需要就可以凝固成的布丁
材料，只需要水果与牛奶这两种！

好吃！好吃！

吧唧吧唧

那么，为什么果味儿甜点就可以凝固呢？

【果胶的种类】

• HM果胶→糖与酸的作用使之凝固（果酱等）

• LM果胶→钙质的作用使之凝固（果味儿甜点等）

水果中含有果胶，有可以凝固的力量。

好厉害！

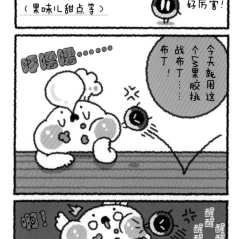

呼噜噜……

今天就用这个果胶挑战布丁！……布丁！

啊！

醒醒醒醒醒醒醒

制作时的 重点

使用的水果，请尽可能使用熟透的水果！

甜味儿，是根据所使用的水果有所不同的，在搅拌机进行搅拌时请先尝尝味道哦！

可以尝试用蜂蜜与炼乳调节哦~

砂糖可能难以融化…

由于水果是生鲜食品，所以请在1~2日内食用~

好~好~吃！

材料
（2人份）

■柿子…1个（约200g）
■牛奶…100ml

将柿子的外皮与内子去掉，与牛奶混合后用搅拌器搅拌。倒进容器内放入冷藏库冷却。

没有搅拌机的情况下，可以磨碎后加入牛奶，请搅拌3～10分钟！

将柿子当成容器的话~好漂亮哦~

材料
（2人份）

■香蕉…2根（约200g）
■牛奶…150ml

1 将香蕉切成一口大小的小块，然后包上保鲜膜，微波炉加热2分钟。

稍稍加热牛奶放入融化的可可，做成可可布丁~！

稍稍加入点朗姆酒也很美味！

COCOA

ジーーン

2 将1的香蕉与牛奶放入搅拌器，进行搅拌。装入容器内放进冷藏室冷却。

而且可以使用豆奶或者日本豆腐代替牛奶哦！

豆奶的话150ml！
豆腐150g！

明胶简单自制的蒟蒻三品食谱

一转眼就完成的蒟蒻食谱。
QQ弹弹的口感好快乐呀！

明胶就是全部，请在明胶粉5g中加入水15ml，一定要使用浸泡过的哟！

甜甜QQ的桃子牛奶蒟蒻 （2～3个）

在锅里煮溶牛奶250ml与砂糖15g，关火投入明胶搅拌。

溶解后加入切块的桃子1个，放入容器内冷却。

可尔必思蒟蒻 （2个份）

在锅中倒入可尔必思原液80ml，牛奶200ml，柠檬汁少许，和明胶充分溶解搅拌后，倒进容器内冷却。

可以尝试各种各样的可尔必思，
好欢乐啦~！
用牛奶比用水要好~吃哦！

淡淡的水果宾治 （3～4个份）

将苏打水100ml、砂糖15g、明胶倒入锅中，小火加热溶解，再投入苏打水200ml，快速搅拌。

在容器内加入挖取出的西瓜等水果，将刚刚制作的液体倒入到容器的3/4部位。

还没好吗…
还没好吗…

将倒入蒟蒻液体的容器以及剩余的液体放进冷藏室稍稍等待。

喂喂~！
放上来！放上来！

待盛有蒟蒻液体的容器表面凝固后，将剩余的液体打出泡泡，浇在上面即可。完成。

使用橙汁口味等的碳酸饮料，可以变成像啤酒一样的蒟蒻哦！

好有大人的感觉哦~
哇哇哇！

嗯哼

那些年令人怀念的 牛奶寒天

清爽美味的牛奶寒天。
推荐也可以加入橘子以外的水果哦！

材料
（2人份）

■ 水…200ml
■ 寒天粉…4g
■ 砂糖…40g
■ 橘子罐头
…1个（将糖汁倒掉）
■ 牛奶…300ml

1 将寒天粉与水放入锅中，煮溶。

寒天粉溶解时，一定不可以加牛奶，只能加水！

因为牛奶中有很多不纯物质，不利于溶解，也会不利于凝固……

嘿嘿

要煮沸1~2分钟哦。

冒了好多泡泡……

2 完全熔化后，加入砂糖煮沸。

使用优质砂糖的颜色更漂亮！

哇哦哦哦哦

虽然口味上有些变化，但是可以使用寒天4g，明胶8g来代替。

变身超弹的牛奶蒟蒻

3 关火，加入牛奶与橘子，放入容器内冷却凝固。

让食谱成功的秘诀

第二篇

总结出制作凝固的小吃与点心时的重点，
使用豆腐与明胶是重点哦！

我的食谱中用到豆腐的有很多哦~！

豆腐是十分有利于人体的食材哦~！

黑 黑

豆腐白玉丸子冷冻的也OK哦！

一个一个地打散，分开，装入塑料袋和密封式保存袋中！

食用时5个加热40秒即可。

糯糯 弹弹

Q. 为什么白玉团子要加豆腐制作呢？

A. 因为时间长也不会变硬，一直保持柔软有弹性！

豆腐中约有83%是水分！能够包裹住这些水分的力量就是柔软与弹性的源泉~！

GO! GO!

接下来我们快来看下个秘诀吧~

【煎饼的膨胀搅拌方法】

①先搅拌粉末状以外的材料.
②粉末要慢慢地投入！
③使用打泡器挑起再放下15次.

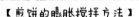

粉末有剩余也没有关系！要变为大酱一样的感觉~！

啪嗒 啪嗒

④烤制时绝对不要用锅铲用力压！

【豆腐做成的暄暄的煎饼】

<1人份>

• 日本豆腐60g（细细压碎）
• 鸡蛋1个
• 牛奶50ml
• 煎饼粉100g

哇啊啊

压烂

小火煎制哦~！

【豆腐的能量】

• 可以获取蛋白质，代替黄油使用的话，还可以减少卡路里！
• 可以随意增加，便宜！
• 对肚子好！
• 减少胆固醇，中性脂肪，可以增进血流。
• 包含大量的提高代谢的B族维生素

太了不起啦~！

明胶. 寒天. 琼脂制作出的蒟蒻的不同点

结论

明胶	寒天	琼脂
弹性超群	酥脆	忽闪忽闪
冷却后坚固	常温可凝固	常温可凝固
特色鲜明	特色鲜明	无臭无味
颜色发黄	颜色偏白	无色透明
在100g的液体中加入1~3g	200g的液体中加入1~2g	100g液体中加入1~2g
（布丁，蒟蒻，慕斯，芭芭露）	（布丁，蒟蒻，水羊羹）	（水羊羹，凉粉）

【改善对策】

• 要经过75℃以上的火（使用蜜饯制作也很美味哦）
• 使用水果罐头
• 使用明胶以外的方法制作蒟蒻！

另外，西瓜含有可以分解糖分的酵素成分，难以凝固的！

Q. 在明胶蒟蒻中加入了水果，完全不凝固呀！

A. 原因在水果中的酵素！

菠萝，猕猴桃，芒果，无花果，哈密瓜等都含有可以分解蛋白质的物质~！

优雅游戏

晶莹剔透！

4章 日式小吃

健康多一点的日式小吃
我最最喜欢的白玉的制作方法也有记载哦～！

制作铜锣烧

加入白玉粉的糯糯型铜锣烧和不加白玉粉的蓬松型铜锣烧。
根据您的喜好制作吧！

糯糯啦
糯糯啦

材料（5个份）

- 白玉粉…50g
- 水…40ml
- 鸡蛋…1个
- 砂糖…30g
- 甜料酒…1大勺（18g）
- 低筋面粉…30g
- 泡打粉…5g

1 在小盆中加入白玉粉与水进行搅拌，搅拌至光滑。

事先将白玉粉碾成细细的粉末，这样比较好混合~

白玉粉是达到糯糯感的秘密哦~！

放入袋子里，使用瓶子和棉棒等咕噜咕噜地碾碎它！

嘿呦

2 在另外的小盆中加入鸡蛋、砂糖、甜料酒，搅拌打出白色泡泡。
加入1，低筋面粉与泡打粉大致地搅拌。用大勺子一勺一勺地放入煎锅中，小火两面煎制。

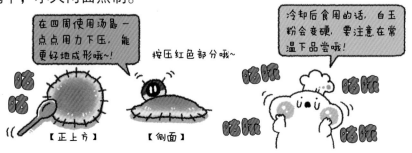

在四周使用汤匙一点点用力下压，能更好地成形哦~！

按压红色部分哦~

冷却后食用的话，白玉粉会变硬，要注意在常温下品尝哦！

【正上方】　【侧面】

滋润蓬松型

嘿咻 嘿咻

材料（3~4个份）

- ■鸡蛋…1个
- ■砂糖…30g
- ■甜料酒…1大勺（18g）
- ■低筋面粉…50g
- ■泡打粉…3g
- ■水…35ml

将鸡蛋、砂糖、甜料酒放进小盆内搅拌，到变为白色泡沫状之后再倒进低筋面粉、泡打粉，水果不断搅拌。然后一大勺一大勺地放入煎锅，小火两面煎制。

低筋面粉，经过筛选再加入的话不能轻易成团~!

搅拌搅拌

在面坯中加入抹茶粉和可可粉也很美味哦!

还可以做成抹茶铜锣烧和可可铜锣烧!

小贴士!

推荐馅料

AZUKI

→ +黄油

:冰淇淋

冷却的话表皮变硬，因此在食用前再放上去!

喋噜喋噜

豆沙馅

→ +土耳其软糖

要掉

淡奶油

卡仕达酱和巧克力奶油

嘻嘻嘻

嘻嘻嘻

健康美味的 豆腐冰

由于不需要使用淡奶油，非常健康而且营养满分！
可以尝试个人喜欢的风味哦！

材料
（4人份）

■日本豆腐…1块（300g）

■牛奶…100ml

■蜂蜜…50g

■香草奶精…适量

1 将日本豆腐放入小盆中，混合搅拌至光滑状态。将其他的材料也全部加进来，共同混合。

如果不细细地将豆腐碾碎的话，会形成块状哦！

如果有手持式搅拌机，将非常轻松哦~!

2 放进密封式保存袋，放入冷藏室。每90分钟左右取出1次，来回3次即可完成！

中途再进行揉搓的话，可以使空气进去达到蓬松的效果哦~!

把袋子套在容器上面比较容易操作

硬的时候用力揉搓的话，袋子可能会破掉，这时候可以放进微波炉稍稍加热后再揉搓！

呵！！

小贴士！

自创更好吃！

也可以加入碾碎的白巧克力，食用时浇上豆粉与黑糖哦~

也可以加入碾碎的奥利奥，巧克力片，捣碎的巧克力！

添加红豆粒与白玉，食用时浇上炼乳~！

抹茶冰淇淋
+抹茶粉15g

巧克力冰淇淋
+可可粉12g

芝麻冰淇淋
+黑芝麻30g

如果很在意豆腐的味道的话，可以在材料中加入1~2根香蕉，再用搅拌机打碎混合试试看哦！

香蕉与巧克力的组合，可能会消除豆腐的气味哦~~

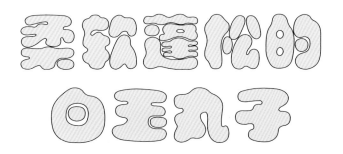

柔软蓬松的 白玉丸子

由于使用了豆腐，凉着吃口感也超级柔软哦！

材料
（1~2人份）

■白玉粉…40g

■日本豆腐…45~55g

1 将白玉粉与豆腐放进小盆，混合至光滑状态。

揉一揉

揉一揉

豆腐不用沥出水分哦~！

白玉粉最好事前用棉棒碾成细粉状，这样易于混合。

搓一搓 搓一搓

将粉末装入袋子中咣啷咣啷摇晃

在面坯中混合入可可粉、食用红色素、抹茶粉等就可以制作成带有颜色的白玉丸子哦~！

你看你看

2 团成旧版1角钱硬币大小的球状。如果想在白玉上画上脸与画，可以用牙签先勾勒出线条沟，然后使用热水熔化的可可上色。

呼……

由于是在线条沟中埋入的颜色，这样加热后颜色也难以消退~

也可以做成球状以外的形状哦~

哇~！是我诶！

3 在沸腾的开水中加入白玉煮一下。下沉的白玉浮上来之后，再煮1~2分钟，过冷水，冷却。

只需要将材料混合烹煮即可！
通过创作，可以尝试各种口味与颜色！

材料 （2~3人份）	■ 蕨菜年糕粉…50g
	■ 砂糖…30g
	■ 水…200ml

1 将蕨菜年糕粉、砂糖、水加入小盆中，搅拌至凝固为止，然后移动到煎锅中。

也可以使用相同分量的土豆淀粉代替蕨菜年糕粉制作哟~！

虽然口味有些变化，但是可以使用身边随处找得到的食材哟~！

也可以直接将材料放进煎锅！

这样也可以减少需要清洗的器具哦。

停！

2 放上煎锅开中火，使用木质锅铲等搅拌。烹煮后，变为透明色改为小火，为达到喜欢的凝固程度认真地搅拌吧！

好简单！

水分都跑掉！！

搅啊搅
搅啊搅

快快地重叠起来啦~

哟哦~

越洗越粘

注意别焦掉哦！达到喜欢的凝固程度后离开火！！

3 离火之后，整理到煎锅的一角，向煎锅中倒水（分量外）。
在水中按照自己喜欢的大小一边整理一边冷却。

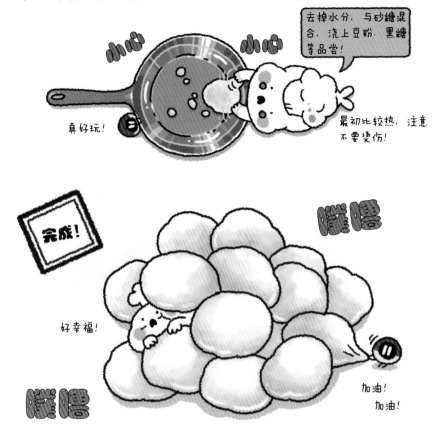

香脆！甜心！

非油炸红薯

不油炸只是用极少的油煎至而成，极具健康！
之后的打理也很简单方便！而且又好吃！

材料
（2~3人份）

■红薯…1根（400~500g）

A
- 砂糖…4大勺
- 酱油…2小勺
- 醋…1小勺
- 芝麻油…2大勺

1 将红薯洗净，随意切开小块。浸泡在盛有水的小盆中大约10分钟，然后使用厨房用纸擦掉水分。

← 角钝的　← 锐角的

厚的　薄的

小薄块儿过火容易熟，有尖角的形状吃起来咔哧咔哧脆更美味~！

快点~！做好吃点！

条状也可以哦！

2 将A放入煎锅中，然后平整地不要重叠地放入红薯，盖上盖子小火烤制5分钟。打开盖子将红薯翻面，再盖上盖子煎制2分钟。每2分钟翻面，重复2次。

摊开了　冒泡了　地瓜入锅　煎制中

加入醋（酸味），可以防止砂糖结晶哦~！因此酱汁如何烧干也不会使红薯黏在一起，完全不必担心哦~！

并且完全感觉不到醋的味道！

嗯　嗯

3 用竹签快速地刺下，取下盖子将火开大，使酱汁变得像糖一样香脆。完成时撒上自己喜欢的黑芝麻。

在烧焦之前关火，可以使红薯更香脆！

外皮酥脆

完成！

中心软乎乎！

小贴士！

自创烤红薯

加入核桃、香蕉的烤红薯~！

香蕉比较易于熔化，因此要最后放入哦！加入肉桂也很美味哦！食用时加入冰淇淋的话非常好吃哦！

黏黏糯糯的年糕食谱

是我非常喜欢的黏糯口感的果子。
无论哪一种豆腐都是重点哦!

基本的年糕(皮)的制作方法

日本豆腐 80g
白玉粉 50g
砂糖 30g
水 50ml

→ 放入耐热的盘子中,细细搅拌后放入500W的微波炉,不需要保鲜膜,1分半钟×3次~!

黏黏的

黏黏的

与之前介绍的白玉丸子相同,由于豆腐的功效,会保持一致的黏糯,凉了之后的皮仍然是柔软的哟!

日本豆腐不需要除掉水分!

使劲拉

肉桂年糕 (8个)

加入大豆粉30g与肉桂5g,展开到菜板上。在上面铺上年糕皮,再撒上粉,分为8等份。将豆沙馅按照适合大小团成团,将豆沙馅包住折成三角形。

啪嗒

压合

稍微用力压一下,为了不露馅!

小贴士!

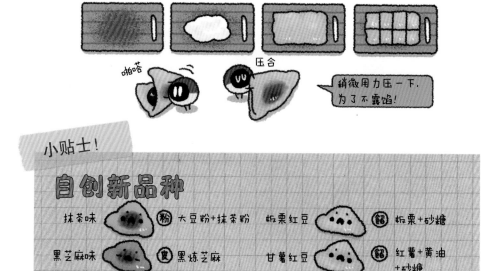

自创新品种

| 抹茶味 | 粉 大豆粉+抹茶粉 | 板栗红豆 | 馅 板栗+砂糖 |
| 黑芝麻味 | 夏 黑炼芝麻 | 甘薯红豆 | 馅 红薯+黄油+砂糖 |

年糕巧克力 （8个份）

1 将一板巧克力板（50g）细细地磨碎，用热水熔化。再加入用微波炉加热到相当于人体皮肤温度的牛奶1大勺或1/2大勺进行搅拌，放进冷藏室冷却1小时，撒上可可粉分为8等份。

在煎锅中将水加热到感觉到烫的程度，关火，放入盛有巧克力的容器，熔化！

有点烫…

牛奶使用微波炉加热15秒即可。

2 在菜板上撒上可可粉，上面摆放年糕皮、撒上可可粉，分为8等份。将1的巧克力团成团，整体蘸上可可粉。

时间太长巧克力会熔化，要快！

拧到一起比较容易包严实哦~！

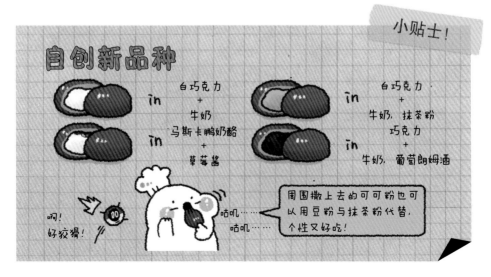

小贴士！

自创新品种

白巧克力
+
牛奶

白巧克力
+
牛奶，抹茶粉

马斯卡鹏奶酪
+
草莓酱

巧克力
in
牛奶，葡萄朗姆酒

啊！好狡猾！

咕叽……

咕叽……

周围撒上去的可可粉也可以用豆粉与抹茶粉代替，个性又好吃！

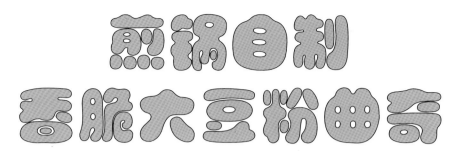

煎锅自制香脆大豆粉曲奇

实际上曲奇是用煎锅做成的哟！
令人怀念的朴素口味。

材料
（2~3人份）

- ■低筋面粉…30g
- ■大豆粉…30g
- ■牛奶…30ml
- ■砂糖…20g
- ■色拉油…1大勺

1 将全部材料放入小盆中搅拌。

使用汤匙等咕噜咕噜搅拌！

太过于黏稠的话可以加入低筋面粉，相反，太过干涩的话加入牛奶调节哦！

2 和好面之后，将面坯放到烹调纸上，用擀面杖擀成2~3mm厚的面饼后拉伸。

没有擀面杖用瓶子也可以。

太厚的话会不香脆哦。

3 放进煎锅，盖上盖子，小火煎5分钟，打开盖子翻面，再烤制4分钟。趁热用菜刀边压边切，不要重叠，冷却。

煎锅自制的 蓬松版卡斯特拉

出炉的成品，无法用手托起的柔软蓬松！
请一定要品尝一下热乎乎的卡斯特拉。

材料（牛奶盒模型1个）

■鸡蛋…1个　　■牛奶…5ml　　■高筋面粉…20g

■砂糖…25g　　■蜂蜜…5g

制作P52的经典巧克力蛋糕时介绍了牛奶盒模具的制作方法。

大致上，最佳大小应该是牛奶盒一半。

锵锵锵锵锵

又登场啦~！！

1 将鸡蛋与砂糖放入小盆中，使用手持式搅拌器高速搅拌至带状。将与人体温度相当的牛奶中加入蜂蜜熔化，再使用搅拌器搅拌。

不行！

Ok!

所谓带状，是指面还可以提起再放下，连续层叠的可以折起来的状态哦~！

整理中

2 将面粉放入1之中（尽可能筛入）低速搅拌30~60秒。

低筋面粉也可以，但是面粉更加正宗！

锵

哇啊啊…光芒四射…！

为了不使泡泡消退，请低速短时间搅拌。

没有搅拌器，使用软锅铲搅拌也可以~

高筋面粉出弹性

3 将2的面坯放入牛奶盒模型内，放置到煎锅上，盖上盖子微小火烤制30～50分钟。

涨起来了

面坯煎烤后，会膨胀近1倍，请注意不要倒太多。

表面完全干透之后再煎烤是重点。

根据炉具不同，煎烤时间可调节

30分钟后请确认看看

4 在上面摆好烹调纸再翻面，每面烹调纸煎烤5分钟，有颜色之后即完成。

咕叽 咕叽

完成后用手托起会破坏形状程度的柔软哦。

好～吃

牛奶盒模型如果大的话，材料膨胀到1倍，就可以得到大卡斯特拉咯

用保鲜膜包上一夜，口感更佳的绵软细腻哦。

抹茶与可可，红茶也很美味哦～

大爱抹茶！

完成！

呼噜噜……

铁铁叽

只有自制才能品味到的柔软蓬松的卡斯特拉

铁铁叽

请一定要趁热尝尝

Q&A主任

在此，我针对Twitter上被问到的问题进行回答！

 Q. 自制的点心可以保存几天？

 A. 由于没有使用保鲜剂等，请在2～3日内品尝.

可以按照非烤制糕点
2～3日
烤制糕点3～6日的日限

煎烤完成后，一定要注意避免沾染杂菌哦

特别是水！

 Q. 文章经常提到筛面一词，请问家里没有筛网，有什么代替品吗？

A. 茶漏，酱漏，细孔的都可以代替。

茶漏比较小，量少的时候很方便.

筛网在烘焙用品店内有售哦

 Q. 没有牛奶的时候，可以用等量的水代替吗？

A. 是可以，但是口味上会有差别。

牛奶比用水的，要来得浓厚

水90～100ml加10g脱脂奶粉，可以很接近牛奶的效果哦

咖啡滤纸也可以使用哦！

脱脂奶粉

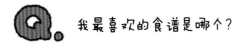 我最喜欢的食谱是哪个？

A. 柔软细嫩的白玉丸子．我的冷藏室里还有保存哦！

我最喜欢有弹性的食物啦．

咕叽

哦~我喜欢烤制的蓬松卡斯特拉和棉花糖．

懦懦啦

懦懦啦

咕叽

Q. 有失败的时候吗？

A. 大部分是失败的，无论如何还是希望在3次内成功……

品尝味道与想象的不同~到最后又重新做的例子比较多．

炸爆啦~！

偶尔，有一次就成功的时候！超级高兴哒！

95

Q. 画食谱的时候最需要注意的是什么？

A. 考虑怎样才能节省掉不必要的时间步骤．还有，尽可能地用图画描绘传递出绵软、暖融融的感觉~！

+ ●（焦色）　　+ ●（焦色）　　+ 白色（高光）

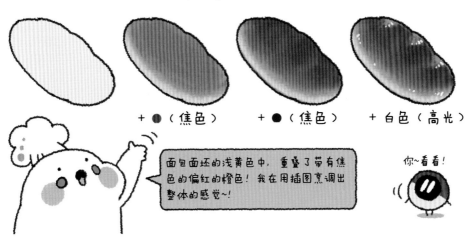

面包面坯的浅黄色中，重叠了带有焦色的偏红的橙色！我在用插图烹调出整体的感觉~！

你~看看！

Original Japanese title:BOKU NO OYATSU~ouchi ni aru mono de tsukureru pan to okashi 56 recipe

Copyright ©boku 2014

Original Japanese edition published by Wani Books Co.,Ltd.

Through The English Agency (Japan) Ltd. And Eric Yang Agency

图书在版编目（CIP）数据

平底锅达人的56道原创面包和蛋糕：用家里随手可见的材料即可制作 /（日）Boku著；张岚译. —沈阳：辽宁科学技术出版社，2015.7

ISBN 978-7-5381-9257-5

Ⅰ.①平… Ⅱ.①B… ②张… Ⅲ.①面包—制作 ②糕点—制作 Ⅳ.①TS213.2

中国版本图书馆CIP数据核字（2015）第112788号

出版发行：辽宁科学技术出版社
　　　　　（地址：沈阳市和平区十一纬路29号　邮编：110003）
印 刷 者：辽宁一诺广告印务有限公司
经 销 者：各地新华书店
幅面尺寸：168mm×236mm
印　　张：6
字　　数：100千字
出版时间：2015年7月第1版
印刷时间：2015年7月第1次印刷
责任编辑：康　倩
封面设计：袁　舒
版式设计：袁　舒
责任校对：李淑敏

书　　号：ISBN 978-7-5381-9257-5
定　　价：28.00元